第1回 原付免許試験問題

問1～問46までは
ただし、問47・問4
した場合に限り得

◆次の問題のうち正しいものは「正」、間違っているものは「誤」のワクの中をぬりつぶしなさい。

正 誤【問１】道路を安全に通行するためには、交通規則を守っていれば十分であり、互いに相手のことを考えると、円滑《えんかつ》な交通を阻害《そがい》することになるので、相手の立場を考える必要はない。

正 誤【問２】ミニカーは50ccであっても、運転するときは普通免許が必要である。

正 誤【問３】明るさが急に変わると、視力は一時的に急激に低下するので、トンネルに入る場合は、その直前に何回も目を閉じたり開いたりしたほうがよい。

正 誤【問４】右の標示のある道路では、路側帯の中に入って駐車することができない。

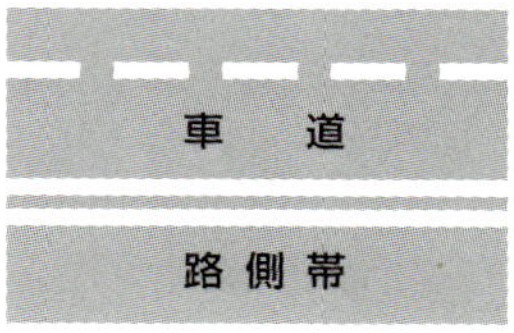

正 誤【問５】交通巡視員が信号機の信号と違う手信《てしん》号《ごう》をしていたが、交通巡視員の手信号に従わず、信号機の信号に従って通行した。

正 誤【問６】衝突《しょうとつ》の衝撃力《しょうげきりょく》は速度には関係あるが、重量には関係ない。

正 誤【問７】道路に面したガソリンスタンドに出入りするため、歩道や路側帯を横切るときは、歩行者の有無に関係なく必ず徐行しなければならない。

正 誤【問８】盲導犬《もうどうけん》を連れた人が歩いているときは、一時停止か徐行をしてその人が安全に通れるようにしなければならない。

正 誤【問９】右の標識は前方に横断歩道があることを表している。

正 誤【問10】歩行者用道路では、沿道に車庫を持つ車などで特に通行を認められた車だけが通行できる。

正 誤【問11】交通渋滞のときなど、前の車に乗っている人が急にドアを開けたり、歩行者が車の間から飛び出すことがあるので注意が必要である。

正 誤【問12】安全な速度とは法定速度の範囲内であれば、道路や交通の状況、天候などによって変わるものではない。

正 誤【問13】走行中に携帯電話を使用すると危険なので、運転する前に電源を切ったり、ドライブモードに設定しておくようにする。

正 誤【問14】横の信号が赤になると同時に前方の信号が青に変わるので、前方の信号よりむしろ横の信号をよく見て速やかに発進しなければならない。

正 誤【問15】右の標示のある通行帯は、路線バス等優先通行帯であるから、原動機付自転車は通行することができない。

正 誤【問16】徐行とは10～20キロメートル毎時の速度である。

正 誤【問17】原動機付自転車は、標識などによって路線バスの専用通行帯が指定されている道路を通行することができる。

正 誤【問18】横断歩道を通過するときは、歩行者がいないときでも一時停止をしなければならない。

【問19】黄色の線の車両通行帯のある道路を通行しているときに、緊急自動車が近づいてきても、進路をゆずらなくてもよい。

【問20】右左折の合図をする時期は、右左折しようとする地点の30メートル手前に達したときである（環状交差点を除く）。

【問21】トンネルの中では、前照灯《ぜんしょうとう》や車幅灯《しゃふくとう》を点灯《てんとう》して走行するのはよいが、方向指示器を作動しながら走行するのは間違いである。

【問22】右の標示板がある場合は、信号機の信号に関係なく左折できる。

【問23】歩行者の通行やほかの車などの正常な通行を妨げるおそれがあるときは、横断や転回《てんかい》をしてはならない。

【問24】上り坂の頂上付近とこう配の急な上り坂は、追越しが禁止されている。

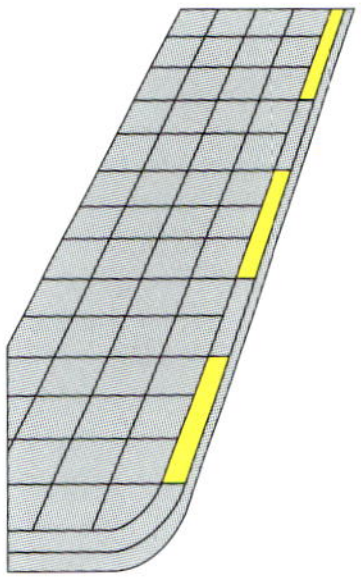

【問25】原動機付自転車を運転して、道路の左側部分に３車線以上の車両通行帯のある道路の交差点（信号機のある交差点）で、二段階右折をした。

【問26】信号が青でも、前方の交通が混雑しているため交差点の中で動きがとれなくなりそうなときは、交差点に入ってはならない。

【問27】右の標示があるところは、駐停車が禁止されている場所である。

【問28】交通整理が行われていない道幅が同じような道路の交差点(環状交差点や優先道路通行中の場合を除く)に入ろうとしたとき、右方から路面電車が接近してきたが、左方車優先であるからそのまま進行した。

【問29】道路工事の区域の端から５メートル以内のところは駐車も停車も禁止されている。

【問30】踏切では一時停止をし、自分の目と耳で左右の安全を確かめなければならない。

【問31】夜間、繁華街がネオンや街路灯《がいろとう》などで明るかったので、原動機付自転車の前照灯《ぜんしょうとう》をつけないで運転した。

【問32】右の標示のあるところで原動機付自転車で停止するときは、二輪と表示してある停止線の手前で停止する。

【問33】霧の中を走る場合は、前照灯《ぜんしょうとう》をつけ、危険防止のため必要に応じて警音器を鳴らすとよい。

【問34】原動機付自転車を運転する場合は、必ず乗車用ヘルメットをかぶらなければならない。

【問35】追越しをしようとするときは、標識や標示により、その場所が追越し禁止場所でないかを確かめる。

【問36】ブレーキを強くかけると、短い距離で止まれる。

【問37】原動機付自転車を運転中に大地震が発生したので、道路の左側に停止させた。

【問38】原動機付自転車を運転するときは、肩の力を抜き、ハンドルを軽く握るとともに、つま先はまっすぐ前方に向ける。

【問39】道路に車を止めて車から離れるときは、危険防止ばかりでなく、盗難防止の措置もとらなければならない。

【問40】マフラーはエンジンの爆発後の排気ガスを少なくするために取り付けてある。

【問41】昼間、トンネルの中などで50メートル先が見えないときは、前照灯《ぜんしょうとう》をつけなければならない。

【問42】エンジンをかけたままの原動機付自転車を押して歩く場合は、歩行者として扱われる。

【問43】右の標識がある交差点では、直進と左折はできるが右折はできない。

【問44】二輪車でブレーキをかける場合、路面がすべりやすいときは、後輪ブレーキをやや強めにかける。

【問45】原動機付自転車を夜間運転するときは、反射性の衣服や反射材のついた乗車用ヘルメットを着用するとよい。

【問46】交通事故を起こしたときは、負傷者の救護より先に会社などに電話で報告しなければならない。

【問47】15km/hで進行しています。信号が青の交差点で小回り右折をするとき、どのようなことに注意して運転しますか。

(1) トラックが停止して前照灯《ぜんしょうとう》をパッシングしてくれているので、急いで交差点を右折する。
(2) 対向車線に二輪車がいるので、その二輪車が交差点を通過してから、急いで交差点を右折する。
(3) トラックのかげにいる二輪車の動きと横断中の歩行者の動きに注意して右折する。

【問48】30km/hで進行しています。どのようなことに注意して運転しますか。

(1) トラックの後ろにいる人は自分の車が通過するのを待ってくれていると思われるので、加速して急いで通過する。
(2) 道路の左側から荷物を取りに出てくる人がいるかもしれないので、いつでも止まれるような速度でトラックの横を通過する。
(3) 警音器を鳴らしてからトラックの横を通過すれば安全である。

制限時間30分　50点中45点以上正解で合格

第2回 原付免許試験問題

問1〜問46までは各1点、問47・問48は各2点。ただし、問47・問48は3つの質問すべてを正解した場合に限り得点となります。

◆次の問題のうち正しいものは「正」、間違っているものは「誤」のワクの中をぬりつぶしなさい。

正 誤【問 1】下り坂では加速がつくので、高速ギアを用いてエンジンブレーキを活用する。

正 誤【問 2】原動機付自転車を運転中地震が発生したので、道路の左側に止め、ハンドルロックをして、キーを抜いて避難した。

正 誤【問 3】酒を飲んでいるのを知りながら原動機付自転車を運転して配達することを依頼したときは、依頼した人も罰せられることがある。

正 誤【問 4】原動機付自転車の積載装置《せきさいそうち》に積むことのできる荷物の長さは、荷台の長さに0.3メートル以下を加えた長さである。

正 誤【問 5】カーブを曲がるときは、カーブの手前の直線部分で加速して、クラッチを切ってその惰力《だりょく》で曲がる。

正 誤【問 6】ぬかるみや砂利道などを通過するときは、速度を上げて一気に通過するとよい。

正 誤【問 7】原動機付自転車は、強制保険のほか、任意《にんい》保険にも加入しなければ運転してはならない。

正 誤【問 8】原付免許では、原動機付自転車と小型特殊自動車を運転することができる。

正 誤【問 9】交通の安全は、交通規則を守っていれば十分であり、互いに相手の立場を考えると、交通の円滑《えんかつ》な流れを阻害《そがい》するおそれがあるので、相手のことを考えることは禁物である。

正 誤【問10】警察官が信号機の信号と違う手信号をしていたが、交通のじゃまになると思い、警察官の手信号《てしんごう》に従わなかった。

正 誤【問11】前方の信号が黄色のときは、ほかの交通に注意しながら進行することができる。

正 誤【問12】横断歩道のない交差点の手前で歩行者が横断中だったが、警音器を鳴らしたら横断をやめたので、そのまま進行した。

正 誤【問13】右の標識のある道路では、自転車や原動機付自転車は通行できない。

正 誤【問14】目の不自由な人が盲導犬《もうどうけん》を連れているときは、一時停止か徐行のどちらかをして、その通行を妨げてはならない。

正 誤【問15】原動機付自転車を運転するときは、不必要な急発進、急停止、空ぶかしなどにより騒音を出したり、他人に著《いちじる》しく迷惑となる行為をしてはならない。

正 誤【問16】ひとり歩きしているこどものそばを通行するときは、1メートルくらいの間隔をあけておけば、特に徐行などをしないで通行してよい。

正 誤【問17】トンネルに入るときは減速するが、トンネルから出るときは速度を落とす必要はない。

正 誤【問18】右の標識のある場所では、停止線の直前で一時停止をすれば、交差する道路を通行する車に優先して進行できる。

正 誤 【問19】 停留所で止まっている路線バスが、方向指示器などで発進の合図をしたときは、後方の車は急いで通過する。

正 誤 【問20】 追越しが禁止されていない、左側部分の幅が6メートル未満の見通しのよい道路で、ほかの車を追い越そうとするとき、道路の中央から右側部分に最小限はみ出して通行することができる。

正 誤 【問21】 左右の見通しがきかない、交通整理の行われていない交差点を通過する場合は、徐行しなければならない（優先道路通行中の場合を除く）。

正 誤 【問22】 ブレーキは、ハンドルを切らない状態で車体を垂直に保ちながら、前後輪ブレーキを同時にかけるのがよい。

正 誤 【問23】 右の標識のある道路では、二輪の自動車以外の自動車は通行してはならない。

正 誤 【問24】 標識や標示で最高速度が指定されていないところでは、法令で定められた最高速度をこえて原動機付自転車を運転してはならない。

正 誤 【問25】 泥をはねる危険がある道路で、歩行者のそばを通るときは、徐行するか安全な間隔をあけるかして、迷惑をかけないように通行しなければならない。

正 誤 【問26】 原動機付自転車で歩道のない道路を通行していて、歩行者のそばを通行するときは、安全な間隔をあけるか、徐行しなければならない。

正 誤 【問27】 右の標識によって路線バスの専用通行帯が指定されている道路でも、原動機付自転車は通行することができる。

正 誤 【問28】 前の自動車がその前の原動機付自転車を追い越そうとしているとき、その自動車を追い越そうとするのは二重追越しとなる。

正 誤 【問29】 左折や右折などの合図は、必ず方向指示器で行うべきであり、手による合図は片手運転となり危険であるから、どのような場合でも行うべきではない。

正 誤 【問30】 進路変更の合図と右左折の合図の時期は同じである。

正 誤 【問31】 原動機付自転車は、車道が混雑しているときは、路側帯を通行することができる。

正 誤 【問32】 踏切直前で発進したときは、速やかにギアチェンジして、高速ギアで通過するようにしたほうがよい。

正 誤 【問33】 右の標識のある道路では、自動車は通行することができないが、原動機付自転車は通行できる。

正 誤 【問34】 駐車するときは、どのような道路であっても、歩行者のために車の左側を0.5メートル以上あけなければならない。

正 誤 【問35】 火災報知機から1メートル以内の場所は、停車はできるが駐車はできない。

正 誤 【問36】 違法駐車で放置車両確認標章を取りつけられたときは、運転者はこれを取り除くことができる。

正 誤 【問37】 交差点（環状交差点を除く）で右折しようとして自分の車が先に交差点に入ったときは、その交差点の対向車線を直進してくる車より先に進行することができる。

正 誤 【問38】右の信号が表示されているときは車は、ほかの交通に注意して進むことができる。

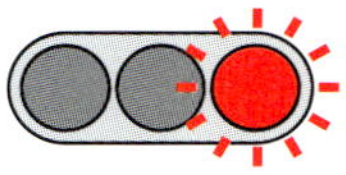

正 誤 【問39】対向車と行き違うときは、安全な間隔を保たなければならない。

正 誤 【問40】追い越されるときは、追越しが終わるまで速度を上げてはならない。

正 誤 【問41】発進するときは、前後の交通の安全を確かめて、右側の方向指示器を作動するか手で合図をしなければならない。

正 誤 【問42】原動機付自転車を運転する場合、乗車用ヘルメットをかぶらなければ、重大事故につながるばかりでなく、行政処分の点数もつけられる。

正 誤 【問43】右の標識のある場所では、午前８時から午後８時まで駐車してはならない。

正 誤 【問44】原動機付自転車に幼児用乗車装置を付ければ、６歳以下の幼児は同乗させることができる。

正 誤 【問45】雨の日は視界が悪くなるので、前の車に続いて走るときは、車間距離を短めにとって運転するとよい。

正 誤 【問46】夜間、街路灯などで明るい繁華街を走るときは、前照灯《ぜんしょうとう》をつける必要はない。

【問47】30km/hで進行しています。どのようなことに注意して運転しますか。

(1) 正 誤 (2) 正 誤 (3) 正 誤

(1) トラックの前方にある横断歩道に歩行者がいるかもしれないので、横断歩道の手前で一時停止する。

(2) トラックのドアが開いても安全な間隔をあけて、いつでも止まれるような速度で接近し、横断歩道の手前で一時停止する。

(3) トラックの前方にある横断歩道に歩行者がいるかもしれないので、速度を上げて急いで走行する。

【問48】30km/hで進行しています。後続車が自車を追い越そうとしていますが、どのようなことに注意して運転しますか。

(1) 正 誤 (2) 正 誤 (3) 正 誤

(1) 対向車が接近しているが、後続車は対向車がくる前に自車を大きく避けて追越しを開始すると思われるので、そのまま進行しても安全である。

(2) 後続車が追越しを始めようとしていると思われるが、対向車が接近してきているので、後続車の迷惑にならないように速度を上げて進行する。

(3) 後続車が追越しを始めようとしていると思われるが、追越し中に対向車とすれ違うのは危険なので、対向車が行き過ぎてから、左側に寄って後続車に進路をゆずるようにする。

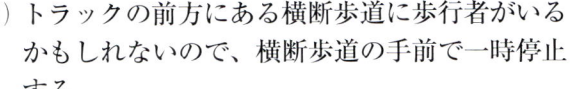

制限時間30分　50点中45点以上正解で合格

第3回 原付免許試験問題

問1～問46までは各1点、問47・問48は各2点。ただし、問47・問48は3つの質問すべてを正解した場合に限り得点となります。

◆次の問題のうち正しいものは「正」、間違っているものは「誤」のワクの中をぬりつぶしなさい。

【問１】警察官や交通巡視員が、信号機の信号と違う手信号をしている場合は、警察官や交通巡視員の手信号に従わなければならない。

【問２】片側２車線の道路の交差点で原動機付自転車が右折するとき、標識による右折方法の指定がなければ、小回りの右折方法をとる。

【問３】右の標示のあるところでは、原動機付自転車は徐行しなければならない。

【問４】エンジンを止めた原動機付自転車を押して歩く場合でも、歩行者用信号でなく、車両用信号に従って通行する。

【問５】原動機付自転車であっても、ＰＳ（ｃ）マークやＪＩＳマークのヘルメットをかぶれば高速道路を通行することができる。

【問６】右の標示のある道路では、転回《てんかい》してはならない。

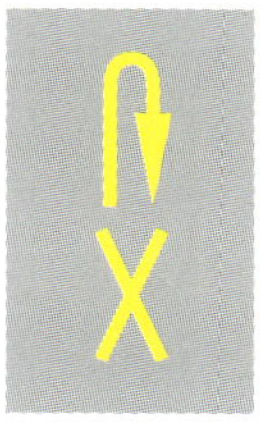

【問７】道路を通行するときは、交通規則を守るほか、道路や交通の状況に応じて細かい注意をする必要がある。

【問８】乗降のため止まっている通学通園バスのそばを通るときは、1.5メートル以上の間隔をあければ、徐行しないで通過できる。

【問９】道路に面した場所に出入りするため歩道や路側帯を横切る場合、歩行者が通行していないときは一時停止をする必要はなく、徐行すればよい。

【問10】右の標識のある道路は、「二輪の自動車以外の自動車通行止め」を表している。

【問11】二輪車でブレーキをかける場合、路面が乾燥しているときは、後輪ブレーキをやや強めにかける。

【問12】普通車の仮免許では原動機付自転車を運転することはできない。

【問13】車が停止するまでには、空走距離《くうそうきょり》と制動距離《せいどうきょり》とを合わせた距離が必要となる。

【問14】右の標識は、優先道路であることを表している。

【問15】歩行者の側方を通過するときは、安全な間隔をあけ、かつ徐行しなければならない。

【問16】事故を起こしたが相手の傷が軽く、その場で話し合いがついたので、警察官に届け出なかった。

【問17】許可を得て自宅の車庫に入るため歩行者用道路を通行する場合は、歩行者がいなければ徐行しなくてもよい。

【問18】右の標示がある道路であっても、道路の左側部分の幅《はば》が６メートルに満たない場所では、追越しのため最小限の距離なら黄線をはみ出して通行することができる。

正 誤 【問19】運転中に携帯電話の呼び出し音が鳴ると、注意が携帯電話に向き危険なので、電源を切っておくか、ドライブモードに切り替えておくようにする。

正 誤 【問20】進路を変更すると、後ろからくる車が急ブレーキや急ハンドルで避けなければならないような場合には、進路を変えてはならない。

正 誤 【問21】横断歩道に近づいたとき、歩行者が横断しているときは、その手前で停止して歩行者に道をゆずらなければならないが、歩行者が横断を始めていなければ、とくに道をゆずる必要はない。

正 誤 【問22】同一方向に進行しながら進路を変更するときは、合図と同時に速やかに行う。

正 誤 【問23】交差点付近以外を通行中、緊急自動車が近づいてきたので、道路の左側に寄って進路をゆずった。

正 誤 【問24】原動機付自転車は、標識などによって路線バスの専用通行帯が指定されている道路を通行することができる。

正 誤 【問25】ブレーキは一度に強くかけるのではなく、数回に分けてかけるのがよい。

正 誤 【問26】右の路側帯の標示のある道路では、路側帯の幅が0.75メートルをこえるときだけ、その中に入って駐停車することができる。

正 誤 【問27】徐行とは、20キロメートル毎時以下の速度で走ることである。

正 誤 【問28】見通しのきく信号機のない踏切では、安全を確認すれば一時停止する必要はない。

正 誤 【問29】車から離れるときでも、短時間であればエンジンを止めなくてよい。

正 誤 【問30】進路を変えるときは、後方からくる車などの安全を確かめてから、進路を変える約３秒前に合図する。

正 誤 【問31】道路への車の出入口はもちろん、出入口から３メートル以内も駐車禁止である。

正 誤 【問32】交差する道路が優先道路であるときや、その道幅が明らかに広いときは徐行して、交差する道路を通行する車や路面電車の進行を妨げないようにしなければならない（環状交差点を除く）。

正 誤 【問33】右折や左折をするときは、必ず徐行しなければならない。

正 誤 【問34】追越しをしようとするときは、前方の安全を確かめればよく、後方の安全を確かめる必要はない。

正 誤 【問35】マフラーを改造していない原動機付自転車なら、著しく他人の迷惑になるような空ぶかしであっても禁止されていない。

正 誤 【問36】原動機付自転車を運転するときは、できるだけ身体を露出するような身軽な服装がよい。

正 誤 【問37】夜間、交通整理をしている警察官が頭上に灯火《とうか》を上げているとき、その警察官の身体の正面に平行する交通については、青色の信号と同じ意味である。

【問38】原動機付自転車を運転するときは、乗車用ヘルメットをかぶらなければならない。

【問39】霧の中を通行する場合は、早めに前照灯《ぜんしょうとう》をつけ、危険防止のため必要に応じて警音器を鳴らすとよい。

【問40】免許取得後１年間は初心運転者期間なので、その間に違反などを犯し一定の点数に達したときは、初心運転者講習が行われる。

【問41】原動機付自転車を運転するときは、決められた速度の範囲内で、道路や交通の状況、天候や視界などに応じ、安全な速度を選ぶべきである。

【問42】夜間は、視界が狭くなるので、できるだけ近くのものを見るようにする。

【問43】大地震が起き、車を置いて避難するときは、エンジンを止め、エンジンキーを確実に抜いておく。

【問44】疲れ、心配ごと、病気などのときは、注意力が散漫《さんまん》となり判断力が衰えたりするため、運転をひかえる。

【問45】原動機付自転車に積載《せきさい》することのできる荷物の重量限度は、30キログラムである。

【問46】原動機付自転車は、交通が渋滞しているときでも、車の間をぬって走ることができるので便利である。

【問47】20km/hで進行しています。どのようなことに注意して運転しますか。

(1) 前方に駐車車両があるため自転車が右側に出てくると思われるので、速度を落として進行する。
(2) 前方を走っている自転車が右側に飛び出してこないように、警音器を鳴らして注意してから、急いで駐車車両の横を通過する。
(3) 駐車車両の横を通過するときに突然ドアが開くことがあるので、速度を落として注意して進行する。

【問48】30km/hで進行しています。どのようなことに注意して運転しますか。

(1) 駐車車両のドアが突然開くことがあるので、警音器を鳴らして急いで駐車車両の横を通過する。
(2) 駐車車両の前から人が横断することもあるので、状況をよく見て、注意して進行する。
(3) 駐車車両がいきなり発進するかもしれないので、十分に間隔をあけて駐車車両の動きに注意して進行する。

制限時間30分　50点中45点以上正解で合格

第4回 原付免許試験問題

問1～問46までは各1点、問47・問48は各2点。ただし、問47・問48は3つの質問すべてを正解した場合に限り得点となります。

◆次の問題のうち正しいものは「正」、間違っているものは「誤」のワクの中をぬりつぶしなさい。

正 誤 【問１】原動機付自転車を押して歩く場合は、すべて歩行者とみなされる。

正 誤 【問２】車輪のガタは、後輪よりも前輪のほうが運転に大きな影響を与える。

正 誤 【問３】夜間、原動機付自転車を運転する際の服装は、反射性のものを着用するか、反射材のついたヘルメットをつけるのがよい。

(イ)　(ロ)

正 誤 【問４】右のイラストのように、警察官が手信号による交通整理を行っている場合、（イ）と（ロ）は同じ意味である。

正 誤 【問５】園児が乗降している通学通園バスのそばを通るときは、徐行して安全を確かめなければならない。

正 誤 【問６】著しく他人に迷惑を及ぼす騒音を生じさせるような運転をしてはならない。

正 誤 【問７】道路を通行するときは、交通規則を守るほか、道路や交通の状況に応じて細かい注意をする必要がある。

正 誤 【問８】運転中は、前方の一点を注視するようにし、バックミラーは左折か右折するときのほかは見る必要はない。

正 誤 【問９】運転免許試験に合格すれば、免許証を交付される前に原動機付自転車を運転しても無免許運転ではない。

正 誤 【問10】原動機付自転車の法定最高速度は、20キロメートル毎時である。

正 誤 【問11】原動機付自転車で前方の信号が青のときは、直進、左折、右折することができる（二段階右折の場合を除く）。

正 誤 【問12】右の標識のあるところでは、原動機付自転車は進入することはできない。

正 誤 【問13】止まっている車のそばを通るときは、急にドアが開いたり、車のかげから人が飛び出したりすることがあるので、注意して通行する。

正 誤 【問14】原動機付自転車で歩行者のそばを通るときは、歩行者との間に安全な間隔をあけるか、徐行しなければならない。

正 誤 【問15】自転車横断帯に近づいたとき進路前方を自転車が横断しようとしていたので、いつでも止まることができる速度に落として通過した。

正 誤 【問16】警察官が信号機の信号と違う手信号により交通整理を行っているときは、手信号に従って通行する。

正 誤 【問17】右の標識のある道路は、優先道路を表している。

正 誤 【問18】みだりに車両通行帯を変えながら通行することは、後続車の迷惑となったり事故の原因にもなる。

【問19】身体の不自由な人を乗せた車いすを、健康な人が押して通行している場合は、一時停止や徐行をする必要はない。

【問20】路線バス等優先通行帯を走行中、バスが近づいてきたら原動機付自転車はそこから出なければならない。

【問21】道路の左端に右の標識があるときは、車は前方の信号が赤であっても、歩行者やほかの交通に注意して左折することができる。

【問22】道路の左寄り部分が工事中のときは、いつでも道路の中央から右側にはみ出して走行してもよい。

【問23】ブレーキは強くかければかけるほど短い距離で車を止めることができるので、できるだけ強く踏むようにする。

【問24】飲酒運転するおそれがある人に対して、飲食店で酒を提供した場合には、酒を提供した人も罰則が適用されることがある。

【問25】原動機付自転車はいつでも自動車と同じ方法で右折することができる。

【問26】道路の曲がり角付近では追越しが禁止されている。

【問27】前の車が進路を変えるための合図をしているとき、急ブレーキや急ハンドルで避けなければならないとき以外は、その進路を妨げてはならない。

【問28】前方の交通が混雑しているため、交差点の中で動きがとれなくなりそうな場合でも、信号が青のときは、信号に従って交差点に進入しなければならない。

【問29】右の標識が示されていたので、そのスピードで原動機付自転車を運転した。

【問30】追越しが終わったら、すぐ追い越した車の前に入るのがよい。

【問31】進路変更が終わった約３秒後に合図をやめた。

【問32】転回の合図は右折の合図と同じである（環状交差点での転回《てんかい》を除く）。

【問33】右の標識は、矢印の方向以外への車の進行禁止を表している。

【問34】踏切の向こう側が混雑しているため、そのまま進むと踏切内で動きがとれなくなるおそれがあるときは、踏切に入ってはならない。

【問35】車から離れるときは、盗難防止のためエンジンキーを抜きとり、ハンドルに施錠《せじょう》装置があれば施錠しておくのがよい。

【問36】ヘルメットは頭部を損傷《そんしょう》から守るためのものだから、工事用ヘルメットでもよい。

【問37】原動機付自転車に乗車装置があれば、人を同乗させることができる。

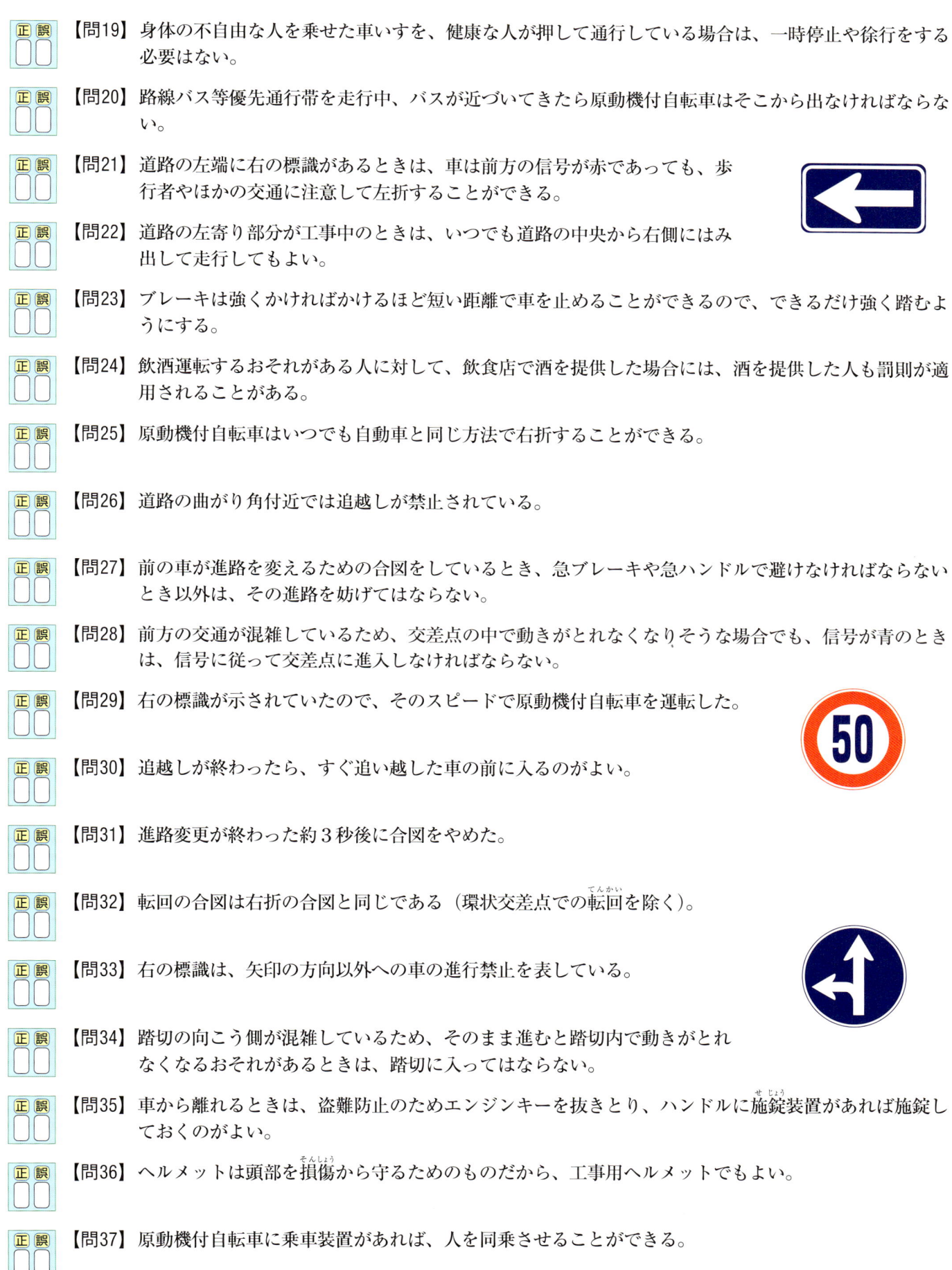

【問38】雨の日は視界が悪くなるので、速度を落として車間距離を十分とって運転する。

【問39】対向車と行き違うときは、前照灯《ぜんしょうとう》を減光《げんこう》するか、下向きに切り替えなければならない。

信号機

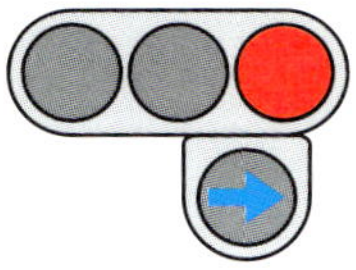

【問40】標識により二段階右折が指定されている交差点では、右の信号が表示されているときでも、原動機付自転車は右折することができない。

【問41】踏切とその端から前後10メートル以内の場所は短時間であっても、停車することはできない。

【問42】オートマチック二輪車に無段変速装置《むだんへんそくそうち》がある車は、エンジンの回転数が低いと車輪にエンジンの力が伝わりにくい特性がある。

【問43】大地震が発生したときは、機動力のある原動機付自転車に乗って避難する。

【問44】交通事故で頭部を打ったり、相手の身体に衝撃《しょうげき》を与えたりしたが、外傷も見当たらずとくに異常がなかったので、医師の診断を受けなかった。

【問45】カーブを走行中ハンドルを右に切ると、バイクは左に倒れようとする。

【問46】荷物を積む場合は、方向指示器やナンバープレートなどがかくれないようにしなければならない。

【問47】30km/hで進行しています。どのようなことに注意して運転しますか。

(1) 大型トラックの後ろの車がトラックを追い越すために中央線をはみ出してくるかもしれないので、対向車の動きに注意して通行する。

(2) 大型トラックの後ろの車がトラックを追い越すために中央線をはみ出してくるかもしれないので、はみ出してこないように中央線に寄って進行する。

(3) 対向車の動きに注意するとともに、後続車にも注意し、ブレーキをかけるときはブレーキを数回に分けてかけるようにする。

【問48】30km/hで進行しています。どのようなことに注意して運転しますか。

(1) 歩道上にいる人が手を上げているので、前を走るタクシーが急停止することを考えて、速度を落とす。

(2) 前を走るタクシーは歩道にいる人を乗車させるため左側に寄って停止すると思われるので、そのままの速度でセンターライン寄りを通過する。

(3) 前のタクシーの動きに注意し、ブレーキをかけるときはブレーキを数回に分けてかけるようにする。

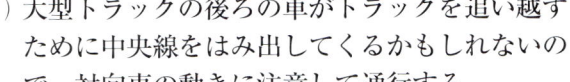

制限時間30分　50点中45点以上正解で合格

第5回 原付免許試験問題

問1～問46までは各1点、問47・問48は各2点。ただし、問47・問48は3つの質問すべてを正解した場合に限り得点となります。

◆次の問題のうち正しいものは「正」、間違っているものは「誤」のワクの中をぬりつぶしなさい。

【問１】ぬかるみや砂利道では、低速ギアなどを使って速度を落とす。スロットルで速度を一定に保ち、バランスをとりながら通行する。

【問２】運転中の携帯電話は、注意が散漫《さんまん》になり危険であるため、使用してはいけない。運転前にはドライブモードに切り替えておくか電源を切っておくようにする。

【問３】交通規則を守っていたとしても、自分本位《ほんい》に無理な運転をすると、まわりに迷惑をかけるばかりでなく、自分自身も危険である。

【問４】原付免許を受けていれば、原動機付自転車のほかに小型特殊自動車も運転することができる。

【問５】警察官や交通巡視員が、交差点以外の道路で手信号をしているときの停止位置は、その警察官や交通巡視員の３メートル手前である。

【問６】黄色の灯火が点滅をしている交差点では、必ず一時停止して安全を確かめてから進まなければならない。

【問７】右の標識のある道路では、原動機付自転車は通行できない。

【問８】安全地帯のない停留所に、路面電車が停止しているときで乗降客がいない場合には、路面電車との間隔を1.5メートルあければ徐行して通行できる。

【問９】違法駐車をしていて放置車両確認標章を取りつけられたとき、その車を運転するときは取り除くことができる。

【問10】交差点付近の横断歩道のない道路を歩行者が横断していたが、車のほうに優先権があるので、横断を中止させて通過した。

【問11】右の標識のある場所では、午前８時から午後８時まで駐車してはならない。

【問12】身体の不自由な人が、車いすで通行しているときは、その通行を妨げないように一時停止するか、または徐行しなければならない。

【問13】こどもがひとりで歩いている場合には、一時停止か徐行をして安全に通れるようにしなければならない。

【問14】急発進や急ブレーキは危険なばかりでなく、車を傷め、交通公害のもととなる。

【問15】重い荷物を積むとブレーキがよくきく。

【問16】原動機付自転車は、交通量が少ないときには自転車道を通行してもよい。

【問17】右左折や転回をするために進路を変更する場合は、３秒前に合図を出さなければならないが、徐行や停止をする場合はそのときでよい。

【問18】右の標識は、本標識が表示する交通規制の終わりを意味している。

正 誤 【問19】道路の曲がり角付近を通行するときは、徐行しなければならない。

正 誤 【問20】エンジンブレーキをきかせながら、前後輪のブレーキを同時にかけるのが、二輪車の正しいブレーキのかけ方である。

正 誤 【問21】停留所で止まっている路線バスに追いついたときは、路線バスが発進するまで後方で一時停止していなければならない。

正 誤 【問22】車両通行帯のない道路では、中央線の左側ならばどの部分を通行してもよい。

正 誤 【問23】原動機付自転車の法定最高速度は、標識や標示による指定がなければ40キロメートル毎時である。

正 誤 【問24】右の標識のある場所は、「右折禁止」を表している。

正 誤 【問25】道路に平行して駐車している車の右側に並んで駐車することはできないが、停車はできる。

正 誤 【問26】横断歩道とその端から前後５メートル以内の場所は、駐車も停車もできない。

正 誤 【問27】一時停止の標識があるときは、停止線の直前で一時停止をして、交差する道路を通行する車などの進行を妨げてはいけない。

正 誤 【問28】右折車は、交差点に入っても、対向車線の直進車や左折車、路面電車の進行を妨げてはならない（環状交差点を除く）。

正 誤 【問29】進路の前方に障害物があるときは、あらかじめ一時停止か減速をして反対方向からの車に道をゆずらなければならない。

正 誤 【問30】初心運転者期間中に違反を犯し、初心運転者講習を受けなかったときは、免許が取り消される。

正 誤 【問31】原動機付自転車で右左折の合図をする場合は、方向指示器によって行うだけでよく、手による合図は行ってはならない。

正 誤 【問32】ヘルメットは頭部をむれないようにするため、軽い工事用ヘルメットでもよい。

正 誤 【問33】原動機付自転車は、右の標識のある交差点で右折するときは、交差点の中心のすぐ内側を徐行しなければならない。

正 誤 【問34】前の車が右折するため右側に進路を変えようとしているときは、その車の右側を追い越してはならない。

正 誤 【問35】警察官や交通巡視員が、右のイラストのように手信号をしているときは、矢印の方向に進行する交通については、信号機の黄色の信号と同じ意味である。

正 誤 【問36】原動機付自転車は、同乗者用の座席が備えられている場合でも二人乗りはできない。

正 誤 【問37】雨の日は、路面がすべりやすく停止距離も長くなるので、晴天のときよりも車間距離を多くとるのがよい。

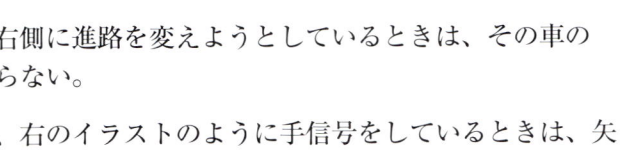

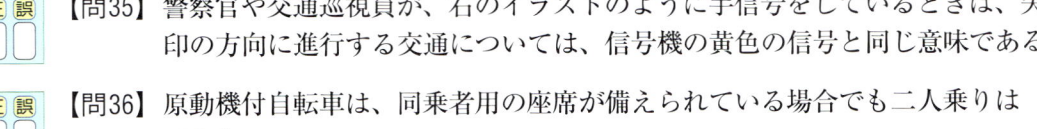

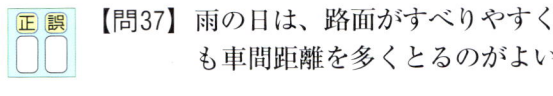

【問38】夜間、対向車の多い道路では相手に注意を与えるため、前照灯を上向きにしたまま運転したほうが安全である。

【問39】踏切を通過しようとしたとき、しゃ断機が降り始めていたが、電車はまだ見えなかったので、急いで通過した。

【問40】右の標識のある道路では、原動機付自転車は通行することができないことを表している。

【問41】長い下り坂ではむやみにブレーキを使わず、なるべくエンジンブレーキを使うとよい。

【問42】災害などでやむを得ず道路に駐車して避難する場合は、避難する人の通行や、災害応急対策の実施を妨げるような場所に駐車してはならない。

【問43】交通事故を起こした場合は、救急車を待つ間に止血などの可能な応急救護処置をしたほうがよい。

【問44】二輪車でカーブを運転するときは、ハンドルを切るのではなく、車体を傾け自然に曲がるようにする。

【問45】原動機付自転車の積《つみ》荷《に》の幅の制限は、ハンドルの幅いっぱいまでである。

【問46】発進の合図さえすれば、前後左右の安全を確認する必要はない。

【問47】30km/hで進行しています。どのようなことに注意して運転しますか。

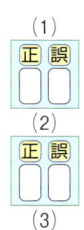

(1) 横断歩道を横断し始めている歩行者がいるので、横断歩道の手前で停止できるように速度を落とす。
(2) 横断している歩行者がいるので、歩行者がセンターラインを越えてから横断歩道を通過できるように速度を調節する。
(3) 横断している歩行者がいるので、横断歩道の手前で停止して、歩行者以外に横断する自転車などがいないかを確認してから発進する。

【問48】30km/hで進行しています。どのようなことに注意して運転しますか。

(1) 路面の状態や障害物に注意しながら、速度を十分落としてからカーブに入る。
(2) カーブの途中で障害物を発見したときは、傾いている（バンク）状態でも急ブレーキをかける。
(3) カーブの途中で中央線をはみ出さないように、車線の左側に寄って速度を落として進行する。

制限時間30分　50点中45点以上正解で合格

第6回 原付免許試験問題

問1～問46までは各1点、問47・問48は各2点。ただし、問47・問48は3つの質問すべてを正解した場合に限り得点となります。

◆次の問題のうち正しいものは「正」、間違っているものは「誤」のワクの中をぬりつぶしなさい。

正 誤【問１】原動機付自転車は、道路が渋滞しているときでも機動性に富んでいるので、車の間をぬって走ることができる。

正 誤【問２】夜間、見通しの悪い交差点で車の接近を知らせるために、前照灯《ぜんしょうとう》を点滅した。

正 誤【問３】横断歩道の手前から30メートル以内は、追越しは禁止されているが、追抜きはよい。

正 誤【問４】速度と燃料消費量には密接な関係があり、速度が遅すぎても速すぎても燃料の消費量は多くなる。

正 誤【問５】曲がり角やカーブを通過するとき、車は遠心力《えんしんりょく》の働きで外側に飛び出そうとする力が加わる。遠心力は速度が速くなるほど大きくなる。

正 誤【問６】普通免許取得１年未満の人が原動機付自転車を運転するとき、初心者マークをつける必要はない。

正 誤【問７】安全な車間距離は、制動距離《せいどうきょり》と同じ程度の距離である。

正 誤【問８】運転するときは、まわりの歩行者や車の動きに注意し、相手の立場に立って思いやりのある気持ちを持って通行する。

正 誤【問９】原動機付自転車は、身体で安定を保ちながら走るという点では、四輪車より運転はむずかしいといえる。

正 誤【問10】交差点以外で、横断歩道も自転車横断帯も踏切もないところに信号機があるときの停止位置とは、信号機の直前である。

正 誤【問11】信号機の信号が赤色の点滅を表示しているときは、一時停止し、安全確認をした後に進行することができる。

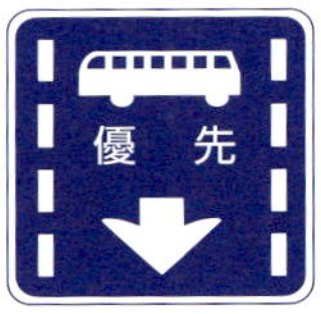

正 誤【問12】右の標識のある通行帯を原動機付自転車で通行中に路線バスが接近してきたときは、その通行帯から出なければならない。

正 誤【問13】安全地帯のない停留所で路面電車が止まっていて、乗降客がいないとき、路面電車との間に１メートル以上の間隔があれば、徐行して進むことができる。

正 誤【問14】眠気をもよおす風邪薬を飲んだときは、運転をひかえるようにする。

正 誤【問15】原動機付自転車が歩行者や自転車のわきを走行するときは、歩行者や自転車との間に必ず安全な間隔をあけて徐行しなければならない。

正 誤【問16】横断歩道に近づいたときには、横断する人がいないことが明らかな場合のほかは、その手前で停止できるように速度を落として進まなければならない。

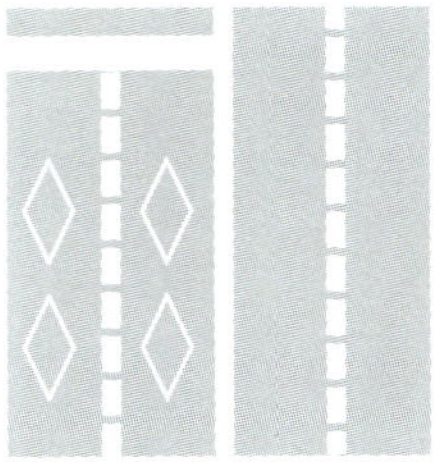

正 誤【問17】道路に右の標示があるときは、前方に横断歩道または自転車横断帯があることを表す。

正 誤【問18】乗降のため停車している通学通園バスのそばを通るときは、安全を確かめられれば徐行する必要はない。

【問19】無段変速装置《むだんへんそくそうち》付のオートマチック二輪車のスロットルを完全に戻すと、車輪にエンジンの力が伝わらなくなり、安定を失うことがある。

【問20】進路変更をしようとするときは、まず合図をしてから安全を確認する。

【問21】交差点付近で緊急自動車が近づいてきたが、道路の左側を通行していたので、そのまま進行した。

【問22】右の標識のあるところでは、原動機付自転車は通行できる。

【問23】原動機付自転車は、路線バスの専用通行帯を通行することができるが、その場合は、バスの通行を妨げないようにしなければならない。

【問24】道路の曲がり角付近を通行するときは、徐行しなければならない。

【問25】急ブレーキをかけると、横すべりを起こすおそれがあるので、ブレーキは数回に分けてかけるようにするとよい。

【問26】しゃ断機が上がった直後の踏切では、車が連続して通行している場合に限って一時停止をしなくてもよい。

【問27】車から離れるときは、原動機付自転車が倒れないようにスタンドを立て、必ずハンドルロックをしてキーを抜くようにする。

【問28】交通整理の行われていない横断歩道の手前で、停止している車に接近したので、その前方に出る前に一時停止した。

【問29】消火せんや防火水そうなどの消防施設のあるところから５メートル以内には、原動機付自転車を駐車してはならない。

【問30】右の標識のある道路では、前方に「道路工事中」のところがあることを表している。

【問31】交通整理が行われていない道幅が同じような道路の交差点（環状交差点や優先道路通行中の場合を除く）では、左方からの車の進行を妨げてはならない。

【問32】信号機などにより交通整理が行われている片側３車線の道路の交差点で、標識により原動機付自転車の右折方法が指定されていないときには、原動機付自転車は自動車と同じ右折方法をとる。

【問33】原動機付自転車に乗る人は、大型自動車の死角《しかく》や内輪差《ないりんさ》を知っていたほうがよい。

【問34】危険を避けるためやむを得ないときは、警音器を鳴らしてもよい。

【問35】チェーンのゆるみ具合は、車に乗った状態で点検する。

【問36】右の標識のある場所では、停止線の直前で一時停止するとともに、交差する道路を通行する車の通行を妨げてはならない。

【問37】原動機付自転車に同乗する人も、つとめてヘルメットをかぶらなければならない。

正 誤 【問38】雪道や凍結《とうけつ》した道路では、低速で速度を一定に保って進行する。

正 誤 【問39】下り坂では、速度が速くなりやすく停止距離が長くなるので、車間距離を長めにとったほうがよい。

正 誤 【問40】右の標識がある道路では、四輪車の通行は禁止されているが、原動機付自転車は通行できる。

正 誤 【問41】原動機付自転車は高速自動車国道は走れないが、自動車専用道路は通行できる。

正 誤 【問42】原動機付自転車を運転中に大地震が発生したときは、急ハンドルや急ブレーキを避け、できるだけ安全な方法により道路の左側に停止する。

正 誤 【問43】交通事故を起こしたときは、ただちに運転を中止し、事故の続発を防ぐとともに、負傷者の救護を行う。

正 誤 【問44】信号待ちのため一時停止をする場合には、右の標示がある部分に入って停止することができる。

正 誤 【問45】原動機付自転車に積むことのできる積載物《せきさいぶつ》の重量は、60キログラムまでである。

正 誤 【問46】原動機付自転車のエンジンを止めて、横断歩道を押して歩く場合は、歩行者用信号に従う。

【問47】30km/hで進行しています。どのようなことに注意して運転しますか。

(1) 正 誤
(2) 正 誤
(3) 正 誤

(1) 左からきている車は交差点の手前で一時停止するとは限らないので、すぐ止まれるように速度を落として進行する。
(2) 対向車もいないので、横道から出てくる人や車に接近を知らせるため前照灯《ぜんしょうとう》を上下に数回切り替え、速度を落として進行する。
(3) 対向車がいないので、道路の中央に寄ってそのまま進行する。

【問48】30km/hで進行しています。交差点に近づくと、対向車線の右折待ちの先頭車があなたの前を横切り始めました。どのようなことに注意して運転しますか。

(1) 正 誤
(2) 正 誤
(3) 正 誤

(1) 右折し始めた先頭の車が通過した後に通過できるように速度を調節する。
(2) 先頭の車に続いて後続の車も右折してくると考えて、すぐに止まれる準備をして進行する。
(3) 直進車が優先なので、前照灯《ぜんしょうとう》をパッシングして加速して進行する。

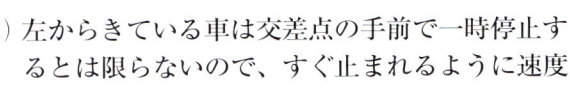

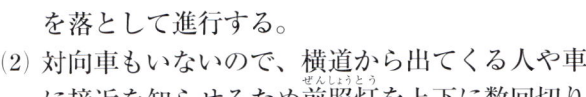

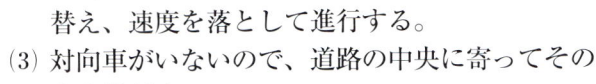

制限時間30分　50点中45点以上正解で合格

第7回 原付免許試験問題

問1～問46までは各1点、問47・問48は各2点。ただし、問47・問48は3つの質問すべてを正解した場合に限り得点となります。

◆次の問題のうち正しいものは「正」、間違っているものは「誤」のワクの中をぬりつぶしなさい。

正 誤 【問１】原動機付自転車の乗車定員は２人である。

正 誤 【問２】雨の降り始めの舗装道路や工事現場の鉄板などは、すべりやすいので注意したほうがよい。

正 誤 【問３】右の標識は、「指定方向外進行禁止」を表している。

正 誤 【問４】対向車の前照灯《ぜんしょうとう》がまぶしいときは、視点をやや左前方に移すようにする。

正 誤 【問５】信号待ちで原動機付自転車が停止している状態でも、厳密には「運転中」に当たるので、携帯電話は使用しない。

正 誤 【問６】長い下り坂では、ガソリンを節約するため、エンジンを止め、ギアをニュートラルにして、ブレーキを使用したほうがよい。

正 誤 【問７】前の車に続いて踏切を通過するときは、一時停止をしなくてもよい。

正 誤 【問８】交通事故を起こしたときは、負傷者の救護より先に警察や家族に電話で報告しなければならない。

正 誤 【問９】カーブの手前では、徐行しなければならない。

正 誤 【問10】原動機付自転車に積むことのできる積荷《つみに》の高さの限度は、荷台から2.0メートルである。

正 誤 【問11】エンジンを切った原動機付自転車を押して歩く場合は、車両用の信号に従って通行する。

正 誤 【問12】原動機付自転車を運転する場合は、乗車用ヘルメットをかぶらなければならない。

正 誤 【問13】原動機付自転車は、前方の信号が黄や赤であっても、右のような青の矢印の信号の場合は矢印の方向に進むことができる。

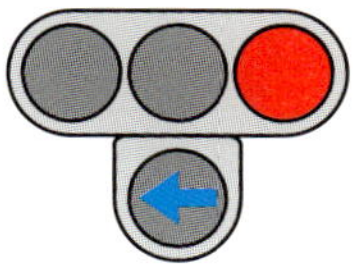

正 誤 【問14】こどもがひとりで歩いていたので、安全に通れるように一時停止をした。

正 誤 【問15】不必要な急発進や急ブレーキ、空ぶかしは危険なばかりでなく、交通公害のもととなる。

正 誤 【問16】運転中は、一点を注視して、前方を広く見わたす目くばりをしなくてもよい。

正 誤 【問17】原動機付自転車は、強制保険はもちろん、任意《にんい》保険にも加入していなければ運転してはならない。

正 誤 【問18】原付免許で運転できる車は、原動機付自転車だけである。

正 誤 【問19】信号機のあるところでは、前方の信号に従うべきであって、横の信号が赤になったからといって発進してはならない。

正 誤 【問20】警察官の手信号で、両腕を横に水平にあげた状態に対面した車は、停止位置を越えて進行することはできない。

正 誤 【問21】停止位置に近づいたときに、信号が青から黄に変わったが、後続車があり急停止すると追突される危険を感じたので、停止せずに交差点を通り過ぎた。

正 誤 【問22】エンジンブレーキは、高速ギアになるほどききがよくなる。

正 誤 【問23】雨にぬれたアスファルト路面では、車の制動距離《せいどうきょり》は短くなるので、強くブレーキをかけるとよい。

正 誤 【問24】右の標識のある交差点では、直進してその交差点を通過してはならない。

正 誤 【問25】原動機付自転車の法定最高速度は、30キロメートル毎時である。

正 誤 【問26】ぬかるみや水たまりを通過するときは、徐行するなどして歩行者などに泥水がかからないようにしなければならない。

正 誤 【問27】原動機付自転車で歩行者の側方を通過するときは、歩行者との間に安全な間隔をあけるか、徐行しなければならない。

正 誤 【問28】交差点付近の横断歩道のない道を歩行者が横断していたので、警音器を鳴らして歩行者に横断を中止させて通過した。

正 誤 【問29】白や黄色のつえを持った人が横断していたので、警音器を鳴らして注意を与え、立ち止まるのを確かめてから通過した。

正 誤 【問30】右の標識のある交通整理が行われている交差点を原動機付自転車で右折しようとするときは、十分手前から徐々に中央寄りの車線に移るようにするとよい。

正 誤 【問31】ほかの車に追い越されるときに、相手に追越しをするための十分な余地がないときは、できるだけ左に寄り進路をゆずらなければならない。

正 誤 【問32】後ろの車が、自分の車を追い越そうとしているとき、自分の車は追越しを始めてはならない。

正 誤 【問33】右の標識のある道路は、自動車や原動機付自転車は通行することができない。

正 誤 【問34】トンネルの中では、対向車に注意を与えるため、右側の方向指示器を作動させたまま走行したほうがよい。

正 誤 【問35】同一方向に進行しながら進路を右に変える場合、後続車がいなければ合図をする必要はない。

正 誤 【問36】運転者が酒を飲んでいるのを知りながら、同乗した場合には、同乗者も罰せられることがある。

正 誤 【問37】路線バス等優先通行帯は、路線バスのほか軽車両だけが通行できる。

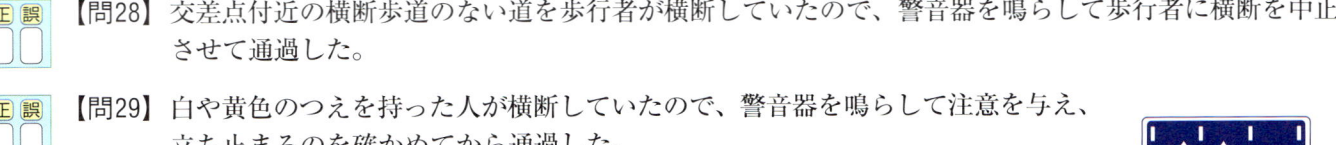

【問38】一方通行の道路では、道路の中央から右側部分にはみ出して通行することができない。

【問39】夜間、原動機付自転車はほかの運転者から見えにくいので、なるべく目につきやすい服装にするとよい。

【問40】放置車両確認標章を取りつけられた車の使用者は、放置違反金の納付《のうふ》を命ぜられることがある。

【問41】右の標識のあるところを通行するときには、こどもが飛び出してくることがあるので、注意して運転する。

【問42】一時停止の標識のあるところでは、停止線の直前で一時停止をし、交差する道路を通行する車の進行を妨げてはならない。

【問43】バスの停留所の標示板（柱）から10メートル以内の場所では、停車はできるが、駐車はできない。

【問44】広い道路で小回り右折をしようとするときは、左側車線から中央寄りの車線に一気に移動しなければならない。

【問45】右の標示は、転回《てんかい》禁止の規制の終わりを示している。

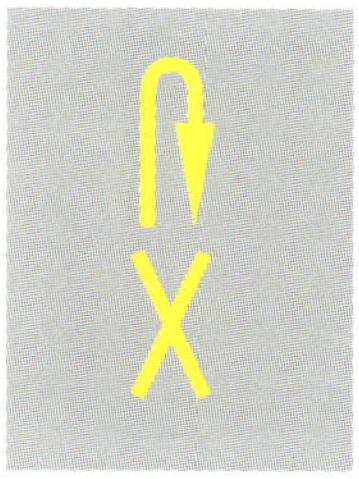

【問46】前の車が交差点や踏切の手前で徐行しているときは、その前を横切ってはならないが、停止しているときは、その前を横切ってもよい。

【問47】10km/hで進行しています。どのようなことに注意して運転しますか。

(1) 渋滞している車が動き出す前に、早く通り過ぎるように速度を上げて進行する。
(2) 渋滞している車の間から歩行者が飛び出してくることがあるので、注意して進行する。
(3) 道路左側のコンビニエンスストアに入ろうとして、後方を確認しないで左折する車があるかもしれないので、すぐにブレーキをかけられる準備をしておく。

【問48】20km/hで進行しています。どのようなことに注意して運転しますか。

(1) トラックが左折を始めると巻き込まれるおそれがあるので、トラックが左折し終わるまで、この位置で止まって待つ。
(2) トラックが左折の途中、横断歩道の手前で停止することもあるので、トラックの横をすぐに止まれるように速度を落として進行する。
(3) トラックが左折する前に交差点を通過したほうが安全なので、加速して一気に追い抜く。

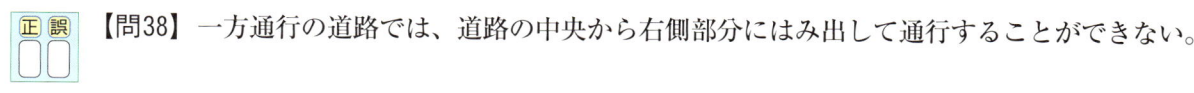

制限時間30分　50点中45点以上正解で合格

第8回 原付免許試験問題

問1～問46までは各1点、問47・問48は各2点。ただし、問47・問48は3つの質問すべてを正解した場合に限り得点となります。

◆次の問題のうち正しいものは「正」、間違っているものは「誤」のワクの中をぬりつぶしなさい。

正 誤【問１】前の車に続いて踏切を通過するときは、安全を確認すれば一時停止する必要はない。

正 誤【問２】車は路側帯の幅の広さにかかわらず、路側帯の中に入って停車してはならない。

正 誤【問３】横断歩道、自転車横断帯とその端から前後に５メートル以内の場所は、駐車や停車をすることはできない。

正 誤【問４】上り坂で停止するとき、前の車に接近しすぎないように止めるとよい。

正 誤【問５】交通整理が行われていない、道幅が同じような交差点（環状交差点や優先道路通行中の場合を除く）では、左方からくる車があるときは、その車の進行を妨げてはならない。

正 誤【問６】右の標識がある場合には、原動機付自転車は軌道敷内《きどうしきない》を通行できる。

正 誤【問７】原動機付自転車が一方通行の道路から右折するときは、道路の左端に寄り、交差点の内側を徐行して通行しなければならない。

正 誤【問８】交差点では、左折する車の後輪に巻き込まれるおそれがあるので、車の運転者からよく見える位置を走行するようにしなければならない。

正 誤【問９】発進する場合は、方向指示器などで合図をし、もう一度バックミラーなどで前後左右の安全を確認するとよい。

正 誤【問10】車を運転中、大地震が発生したときは、急ハンドルや急ブレーキを避けるなどして、できるだけ安全な方法で道路の左側に停止させる。

正 誤【問11】運転中、マフラーが故障して大きな排気音を発する状態になったが、運転上危険でないからそのまま運転してもよい。

正 誤【問12】原動機付自転車を運転する場合は、工事用ヘルメットでもよいから、必ずかぶらなければならない。

正 誤【問13】雪道では、先に通った車のタイヤの跡を避けて走ったほうが安全である。

正 誤【問14】走行中、アクセルワイヤーが引っ掛かってアクセルが戻らなくなったら、急ブレーキをかけて止まる。

正 誤【問15】交通事故を起こしても、相手が軽傷の場合は、警察官に届け出る必要はない。

正 誤【問16】原動機付自転車は、機動性に富んでいるので車の間をぬって走ったり、ジグザグ運転をしてもよい。

正 誤【問17】ぬかるみや砂利道《じゃりみち》を通るときは、トップギアで惰力《だりょく》をつけて通過するとよい。

正 誤【問18】原動機付自転車は前方の信号が赤色であっても、右のように青色の矢印が表示されているときは、すべての交差点で右折することができる。

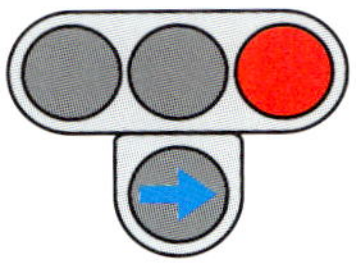

【問19】原動機付自転車を運転するときは、免許証に記載されている条件を守らなければならない。

【問20】道路を通行するときは、交通規則を守るほか道路や交通の状況に応じて、細かい注意をする必要がある。

【問21】二輪車でブレーキをかける場合、路面がすべりやすいときは後輪ブレーキをやや強くかける。

【問22】黄色の灯火の点滅は、必ず一時停止をして安全を確かめてから進まなければならない。

【問23】原動機付自転車は、右のような標識のある交差点で右折するときには、交差点の中心のすぐ内側を徐行しながら通行しなければならない。

【問24】身体の不自由な人が、車いすで通行しているときは、その進行を妨げないように一時停止するか、徐行しなければならない。

【問25】初心運転者期間とは、普通免許、大型二輪免許、普通二輪免許、原付免許を取得後１年間をいう。

【問26】右の標識のある道路では、自動車は通行できないが、歩行者、自転車、原動機付自転車は通行することができる。

【問27】原動機付自転車に乗車装置をつければ、幼児などを同乗させて運転することができる。

【問28】ブレーキは道路の摩《ま》擦《さつ》係《けい》数《すう》が小さくなればなるほど強くかかる。

【問29】疲れているときや病気のときは、酒酔いのときとは違って危険性はないので運転してもかまわない。

【問30】車両通行帯のない道路では、中央線から左側ならどの部分を通行してもよい。

【問31】原動機付自転車は、右のような標識のある交差点で右折する場合は、交差点の側端に沿って徐行する二段階右折をしなければならない。

【問32】左右の見通しがきかない交通整理が行われていない交差点を通行するときは、徐行しなければならない（優先道路通行中の場合を除く）。

【問33】ブレーキは一度に強くかけるのではなく、数回に分けてかけるのがよい。

【問34】停止距離とは、空《くう》走《そう》距《きょ》離《り》と制《せい》動《どう》距《きょ》離《り》を合わせた距離をいう。

【問35】安全地帯に歩行者がいるときは、徐行して進むことができる。

【問36】歩行者のそばを通行する場合は、歩行者との間に安全な間隔をとり、必ず徐行しなければならない。

【問37】右の標識は、二輪の自動車のみ通行することができることを示している。

正 誤 【問38】横断歩道の手前で止まっている車があるときは、その車の側方を徐行して通過しなければならない。

正 誤 【問39】ほかの車に追い越されるときはできるだけ左側に寄り、その車が追越しを終わるまで、速度を上げてはならない。

正 誤 【問40】警音器は、危険を避けるためやむを得ない場合や、「警笛《けいてき》鳴《な》らせ」などの標識がある場所のほかは鳴らしてはならない。

正 誤 【問41】追越し禁止の場所であっても、原動機付自転車であれば追越しができる。

正 誤 【問42】同一方向に進行しながら進路を変えるときは、進路を変えようとするときの10秒前に合図をしなければならない。

正 誤 【問43】右の標識のある道路を原動機付自転車で通行する場合は、原動機付自転車を降り、エンジンを切って押して歩かなければならない。

正 誤 【問44】原動機付自転車は原則として軌道敷内《きどうしきない》を通行できないが、右左折・横断・転回《てんかい》などで軌道敷内を横切るときは通行できる。

正 誤 【問45】対向車の前照灯《ぜんしょうとう》がまぶしいときは、視点をやや左前方に向けるとよい。

正 誤 【問46】交差点を通行中に緊急自動車が近づいてきたときは、ただちに交差点のすみに寄って一時停止をしなければならない。

【問47】30km/hで進行しています。どのようなことに注意して運転しますか。

(1) 正 誤 (2) 正 誤 (3) 正 誤

(1) 対向車は見えないので、ハイビームにして無灯《むとう》火《か》の自転車や歩行者がいないかどうかを注意しながら進行する。
(2) 対向車などのヘッドライトが見えないので、速度を上げて進行する。
(3) 道路に駐車車両があることも予測し、駐車している車の反射板の光などに注意して進行する。

【問48】30km/hで進行しています。どのようなことに注意して運転しますか。

(1) 正 誤 (2) 正 誤 (3) 正 誤

(1) 通園バスはまだ発進しないと思うので、対向車線にはみ出して、そのまま通過する。
(2) 大人が一緒にいれば、こどもが飛び出すことはないと思うので、このままの速度で通過する。
(3) 通園バスの前をこどもが横断してくるかもしれないので、警音器を鳴らして通過する。

第1回 原付免許試験問題 解答と解説

……試験によく出る頻出問題　……ひっかけ問題　……理解しておきたい難問

【問１】誤　交通規則を守るだけでなく、まわりの人の立場についても考えて通行する。
【問２】正　総排気量50cc以下または定格出力《ていかくしゅつりょく》600ワット以下の原動機を有する普通自動車をミニカーという。
【問３】誤　トンネルに入る前やトンネルから出るときには速度を落とすようにする。
【問４】正
【問５】誤　交通巡視員の手信号と信号機の信号とが違っている場合には、交通巡視員の手信号に従わなければならない。
【問６】誤　重量が重くなれば衝撃力《しょうげきりょく》も大きくなる。
【問７】誤　歩道や路側帯の直前では、歩行者の有無に関係なく必ず一時停止しなければならない。
【問８】正　身体の不自由な人が歩いている場合には、一時停止や徐行をして安全に通れるようにする。
【問９】誤　問題の標識は、前方に学校、幼稚園、保育所などがあることを意味している。
【問10】正　【問11】正
【問12】誤　法定速度の範囲内であっても道路や交通の状況、天候などによって安全な速度は変わる。
【問13】正　運転前に電源を切ったり、ドライブモードに設定して、呼び出し音が鳴らないようにする。
【問14】誤　交差点には一時的に信号が全部赤となるところもあるので、必ず前方の信号を見るようにする。
【問15】誤　原動機付自転車は、路線バス等優先通行帯を通行することができる。
【問16】誤　車がすぐに停止できる速度で進行することを「徐行」といい、数値では特定できない。
【問17】正　路線バスなどの専用通行帯は、原動機付自転車、小型特殊自動車、軽車両は通行することができる。
【問18】誤　横断している人や横断しようとする人がいるときだけ一時停止する。
【問19】誤　黄色の線の車両通行帯のある道路を通行しているときであっても、道路の左側に寄って緊急自動車に進路をゆずらなければならない。
【問20】正　【問21】正
【問22】正　【問23】正
【問24】誤　こう配の急な下り坂は追越し禁止場所であるが、こう配の急な上り坂は追越し禁止場所ではない。
【問25】正
【問26】正
【問27】誤　問題の標示は駐車禁止の場所を意味している。
【問28】誤　路面電車に対しては右方、左方に関係なく路面電車に優先権がある。
【問29】誤　駐車は禁止されているが、停車は禁止されていない。
【問30】正
【問31】誤　夜間、道路を通行するときは、前照灯《ぜんしょうとう》などをつけなければならない。
【問32】正　【問33】正
【問34】正　【問35】正
【問36】誤　ブレーキを強くかけると車輪の回転が止まり、スリップすることがあるので危険であり、停止距離も短くなるとは限らない。
【問37】正　【問38】正
【問39】正
【問40】誤　マフラーはエンジンからの排気ガスを少なくするだけでなく、爆発音を小さくするための装置である。
【問41】正　昼間でもトンネルの中や霧の中で50メートル先が見えないときは、前照灯《ぜんしょうとう》などをつけなければならない。
【問42】誤　エンジンをかけている場合は、歩行者として扱われない。
【問43】正
【問44】正　乾燥した路面でブレーキをかけるときは、前輪ブレーキをやや強く、路面がすべりやすいときは、後輪ブレーキをやや強くかける。
【問45】正
【問46】誤　負傷者の救護などを行ってから、事故の発生場所、負傷者の数や負傷の程度などを、警察に届け出なければならない。
【問47】(1) 誤　(2) 誤　(3) 正

- 対向車線の車がパッシングにより進路をゆずってくれたときでも、その車のわきから二輪車などが交差点内に進入してくることが考えられるので、安全を確認できる速度で進行することが必要です。
- また、右折方向の歩行者の動きにも注意が必要です。

【問48】(1) 誤　(2) 正　(3) 誤

- 停車中のトラックなどが荷物の積卸《つみおろ》しをしている場合は、車のかげから人が出てくることがあるので、注意して進行しなければなりません。
- この場合、トラックの後方で荷物を持っている人のほかに、荷物を取りに出てくる人がいることも考えられるので、トラックの横を通過するときは速度を落とし、安全を確認しなければなりません。

第2回 原付免許試験問題 解答と解説

……試験によく出る頻出問題　……ひっかけ問題　……理解しておきたい難問

【問１】誤　下り坂では低速ギアを用い、エンジンブレーキを活用する。
【問２】誤　車を置いて避難するときは、道路の左側に止め、エンジンを切り、ハンドルロックをせずキーはつけたままにしておく。
【問３】正　酒を飲んでいる人に原動機付自転車での配達を依頼すると、依頼した人も罰せられることがある。
【問４】正
【問５】誤　カーブの手前の直線部分であらかじめ十分速度を落とし、カーブの途中ではクラッチを切らず常に車輪にエンジンの力をかけておき、スロットルで速度を加減しながら通過する。
【問６】誤　ぬかるみや砂利道などでは、低速ギアを使って速度を落として通行するのがよい。
【問７】誤　強制保険のみでも運転できるが、万一の場合を考え、任意《にんい》保険に加入したほうがよい。
【問８】誤　原付免許では、原動機付自転車以外は運転できない。
【問９】誤　歩行者やほかの車の動きに注意し、相手の立場を思いやる気持ちをもつことが大切である。
【問10】誤　警察官の手信号と信号機の信号とが違っている場合には、警察官の手信号に従わなければならない。
【問11】誤　前方の信号が黄色のときは、停止位置で安全に停止できない場合を除き、停止位置を越えて進んではならない。
【問12】誤　横断歩道のない交差点などを歩行者が横断しているときは、その通行を妨げてはならない。
【問13】誤　問題の標識は、「特定小型原動機付自転車・自転車通行止め」を意味しており、原動機付自転車は通行できる。
【問14】正　【問15】正
【問16】誤　子どもがひとりで歩いている場合は、一時停止や徐行をして、安全に通れるようにする。
【問17】誤　トンネルなどで明るさが急に変わると、一時的に視力が急激に低下するので、出るときも速度を落とすようにする。
【問18】誤　停止線の直前で一時停止するとともに、交差する道路を通行している車の進行を妨げてはならない。
【問19】誤　路線バスが発進の合図をしたときは、発進を妨げないように速度を落としたり、一時停止するようにする。
【問20】正　【問21】正
【問22】正
【問23】誤　問題の標識は、二輪の自動車および原動機付自転車の通行を禁止することを表している。
【問24】正　【問25】正
【問26】正　【問27】正
【問28】誤　前の車が追い越そうとしているのが自動車ではない原動機付自転車なので、前の車を追い越しても二重追越しにはならない。
【問29】誤　方向指示器が見えにくい場合には、手による合図を併用するようにする。
【問30】誤　進路変更の合図は進路変更の約３秒前、右左折の合図は右左折地点の30メートル手前である（環状交差点を除く）。
【問31】誤　できない。原則として路側帯は歩行者の通行するところである。
【問32】誤　踏切内でのエンストを防止するため、発進したときの低速ギアのまま一気に通過する。
【問33】誤　問題の標識は、歩行者以外の車両の通行を禁止することを表している。
【問34】誤　歩道や路側帯のない道路では、道路の左側に沿って駐車しなければならない。
【問35】正
【問36】正　放置車両確認標章は車の使用者、運転者、管理者が取り除くことができる。
【問37】誤　右折車は直進車や左折車の進行を妨げてはならない。
【問38】誤　車は停止位置で一時停止し、安全を確認しなければならない。
【問39】正　【問40】正
【問41】正　【問42】正
【問43】正　問題の標識は午前８時から午後８時まで駐車禁止を表している。
【問44】誤　原動機付自転車の乗車定員は１人なので、幼児であっても、同乗させることはできない。
【問45】誤　雨の日は、速度を落とし、十分に車間距離をとって慎重に運転する。
【問46】誤　夜間は、必ずライトをつけなければならない。
【問47】(1) 正　(2) 正　(3) 誤

- 横断歩道の直前に駐車している車がある場合、その車の死角部分に横断している人がいるかもしれません。駐車車両の側方を通って前方に出るときに一時停止し、安全を確認してから進むようにします。

【問48】(1) 誤　(2) 誤　(3) 正

- 後続車に必要以上に接近されると威圧感から無理をしてでも速度を上げなければならないと考えがちですが、安全の限界をこえた速度で走行すれば自分だけでなく、ほかの交通にも危険を及ぼしかねません。無理せず、速度を落として左に寄り、後続車に追い越させるのが安全への第一歩です。
- この場合、後続車に追越しの意思が見えますが、対向車が接近していて危険なので、対向車が行き過ぎてから進路をゆずるようにします。しかし、後続車の動きに注意する必要があります。

第3回 原付免許試験問題 解答と解説

……試験によく出る頻出問題　……ひっかけ問題　……理解しておきたい難問

【問１】正　【問２】正
【問３】誤　問題の標示は、「立入り禁止部分」なので入ることはできない。
【問４】誤　二輪車のエンジンを切り押している場合は、歩行者として扱われるので、歩行者用信号に従う。
【問５】誤　原動機付自転車は高速道路を通行することはできない。
【問６】正　【問７】正
【問８】誤　乗降のため停車している通学通園バスのそばを通るときは徐行して安全を確かめなければならない。
【問９】誤　歩道や路側帯を横切る場合には、その直前で一時停止しなければならない。
【問10】誤　問題の標識の意味は「二輪の自動車・一般原動機付自転車通行止め」である。
【問11】誤　二輪車でブレーキをかける場合、路面が乾燥しているときは前輪ブレーキを、路面がすべりやすいときは後輪ブレーキをやや強めにかける。
【問12】正　【問13】正
【問14】誤　問題の標識は安全地帯を意味している。
【問15】誤　安全な間隔がとれないときは徐行し、安全な間隔がとれれば徐行の必要はない。
【問16】誤　事故のときは事故の発生場所、負傷の程度などを警察官に届け出しなければならない。
【問17】誤　許可を得て歩行者用道路を通行する場合は、特に歩行者に注意して徐行しなければならない。
【問18】誤　追越しのための右側部分へのはみ出し通行が禁止されているときは、道路の右側部分にはみ出しての追越しはできない。
【問19】正　【問20】正
【問21】誤　歩行者が横断しているときや横断しようとしているときは、横断歩道の手前で一時停止をして歩行者に道をゆずらなければならない。
【問22】誤　同一方向に進行しながら進路を変更するときは、合図をしてから３秒後に行動する。
【問23】正　【問24】正
【問25】正
【問26】誤　問題の路側帯は「駐停車禁止の路側帯」なので、駐停車することができない。
【問27】誤　徐行とは、車がすぐに停止できるような速度で進むことをいい、数値では特定できない。
【問28】誤　信号機のない踏切では、必ず一時停止をしなければならない。
【問29】誤　短時間でも車から離れるときは、エンジンを止めなければならない。
【問30】正　【問31】正
【問32】正　【問33】正
【問34】誤　追越しをするときは前方および後方の安全を確認しなければならない。
【問35】誤　マフラーの改造の有無にかかわらず、著しく他人の迷惑になる騒音を出してはならない。
【問36】誤　二輪車に乗るときの服装は、身体の露出部分が少ないものを着用する。
【問37】誤　警察官が灯火《とうか》を頭上に上げているとき、その警察官の身体の正面に平行する交通については黄色の信号と同じ意味である。
【問38】正　【問39】正
【問40】正　初心運転者期間に違反をし、一定の点数に達すると初心運転者講習が行われる。
【問41】正
【問42】誤　夜間は、視線をできるだけ先のほうへ向け、少しでも早く前方の障害物を発見するようにする。
【問43】誤　大地震で避難するときは、車のキーをつけたままにして、だれにでも移動できるようにする。
【問44】正　【問45】正
【問46】誤　二輪車を運転して、車の間をぬって走ったり、ジグザグ運転をしてはならない。
【問47】⑴ 正　⑵ 誤　⑶ 正
- 車を運転するときには、ただ漫然と通行するのではなく、危険に対する心構えが必要です。
- この場合、①自転車が右側へ出てくる、②駐車車両の前方から人などが出てくる、③駐車車両のドアが開くなどの危険が考えられるので、速度を落とし、自転車を先に行かせることが安全への第一歩です。

【問48】⑴ 誤　⑵ 正　⑶ 正
- 車を運転するときには、見えない部分の危険予測が必要です。
- この場合、①駐車車両の前方から人などが出てくる、②駐車車両のドアが開く、③駐車車両が発進するなどの危険が考えられるので、速度を落とし、安全な間隔をあけることが必要です。

第4回 原付免許試験問題 解答と解説

……試験によく出る頻出問題　……ひっかけ問題　……理解しておきたい難問

【問１】誤　歩行者とみなされるのは、エンジンを切って押して歩く場合のみである。
【問２】正　【問３】正
【問４】正　【問５】正
【問６】正　【問７】正
【問８】誤　運転中は、一点だけを注視したり、ぼんやり見ているのではなく、たえず前方を注視《ちゅうし》するとともに、バックミラーで後方の交通の状況に目をくばるようにすべきである。
【問９】誤　免許証の交付前に運転すれば無免許運転になる。
【問10】誤　原動機付自転車の法定最高速度は30キロメートル毎時である。
【問11】正　【問12】正
【問13】正　【問14】正
【問15】誤　自転車横断帯の手前で一時停止をして、道をゆずらなければならない。
【問16】正　【問17】正
【問18】正　交通の状況を考えずにみだりに進路変更すると自分も危険であり、後続車にも迷惑となる。
【問19】誤　一時停止か徐行をして、安全に通れるようにしなければならない。
【問20】誤　原動機付自転車、軽車両、小型特殊自動車は、この場合左側に寄って進路をゆずればよい。
【問21】誤　問題の標識は、「一方通行」を意味している。
【問22】誤　工事中でもできるだけ左側部分を通行し、右側部分へのはみ出しは最低限度にする。
【問23】誤　ブレーキを強くかけると急ブレーキとなるためタイヤがロックし、スリップするので停止距離は長くなることがある。
【問24】正　飲酒運転するおそれがある人に酒を提供すれば、酒を提供した人も罰則が適用されることがある。
【問25】誤　原動機付自転車で交差点を右折するときに、二段階右折の標識のある場合や、車両通行帯が片側に３つ以上ある場合で信号機のあるところでは、二段階右折をしなければならない。
【問26】正　【問27】正
【問28】誤　信号が青のときでも、交差点内で止まってしまい交差方向の通行を妨げるおそれがあるときは、交差点に入ってはならない。
【問29】誤　標識で最高速度50キロメートル毎時を表示していても、原動機付自転車の法定最高速度である30キロメートル毎時をこえて運転することはできない。
【問30】誤　追い越した車との間に安全な間隔をとってから前方に入る。
【問31】誤　進路変更が終わったときには、速やかに合図をやめなければならない。
【問32】正　【問33】正
【問34】正　【問35】正
【問36】誤　二輪車を運転する場合は、ＰＳ（ｃ）マークやＪＩＳマークのついた乗車用ヘルメットをかぶらなければならない。
【問37】誤　原動機付自転車の乗車定員は１人である。
【問38】正　【問39】正
【問40】正　【問41】正
【問42】正　無段変速装置《むだんへんそくそうち》付のオートマチック二輪車は、エンジンの回転数が低いと安定を失うことがある。
【問43】誤　大地震で避難するときは、自動車や原動機付自転車を使用しないようにする。
【問44】誤　外傷がなくとも頭部に強い衝撃《しょうげき》を受けたときは、必ず医師の診断を受ける。
【問45】正　【問46】正
【問47】(1) 正　(2) 誤　(3) 正
- トラックが荷物を積んでいるため、法定速度よりもかなり遅い速度で走行していることがあります。このようなとき、後続車はいらいらして、次々に追越しをすることがあります。
- この場合、トラックのために前方が確認しにくいため、トラックの後ろの車が中央車線を越えて前方を確認したり、無理に追越しをしたりする場合があるので、対向車の動きに注意して通行するようにします。

【問48】(1) 正　(2) 誤　(3) 正
- タクシーは客を見つけると、いきなり左側に寄って急停止することがあります。客の乗っていないタクシーの後ろにつくときには、このことを頭に入れておかなければなりません。
- この場合、タクシーは客を乗せるため停止するものと考えて、速度を落とすことが大切です。また、客のほうが車道に出てきて、タクシーが左側に寄らずに停止することもあるので、タクシーの動きを見て一時停止するか、タクシーの右側を通過するかを、判断しなければなりません。

第5回 原付免許試験問題 解答と解説

……試験によく出る頻出問題　……ひっかけ問題　……理解しておきたい難問

【問１】正　【問２】正
【問３】正
【問４】誤　原付免許で運転できる車は、原動機付自転車だけである。
【問５】誤　交差点以外で、横断歩道、自転車横断帯も踏切もないところで警察官や交通巡視員が手信号や灯火《とうか》による信号をしているときの停止位置は、その警察官や交通巡視員の１メートル手前である。
【問６】誤　歩行者や車などは、ほかの交通に注意して進むことができる。
【問７】正　【問８】正
【問９】正　放置車両確認標章を取りつけられた車を運転するときは、取り除くことができる。
【問10】誤　横断歩道のない交差点などでも、歩行者が横断しているときは、その通行を妨げてはならない。
【問11】正　【問12】正
【問13】正　【問14】正
【問15】誤　重い荷物を積むと惰性で動く力が大きくなり、ブレーキをかける強さが同じ場合でもききは悪くなる。
【問16】誤　自転車道は交通量が少なくても、原動機付自転車は通行できない。
【問17】正　【問18】正
【問19】正　【問20】正
【問21】誤　路線バスが発進の合図をしているとき以外は、安全を確認して通過することができる。
【問22】誤　追越しなどやむを得ない場合のほかは、道路の左側に寄って通行しなければならない。
【問23】誤　原動機付自転車の法定最高速度は、30キロメートル毎時である。
【問24】誤　問題の標識は「車両横断禁止」なので、この標識のある道路では右方向への横断をしてはならない。
【問25】誤　道路に平行して駐停車している車と並んで駐停車してはならない。
【問26】正　【問27】正
【問28】正　【問29】正
【問30】誤　初心運転者講習を受けない場合は、再試験が行われ、再試験に合格しなかった人や再試験を受けなかった場合には免許が取り消される。
【問31】誤　車体の小さい車は、必要に応じて手による合図も併用したほうがよい。
【問32】誤　ＰＳ（c）マークやＪＩＳマークのついた乗車用ヘルメットをかぶらなければならない。
【問33】正　【問34】正
【問35】正　【問36】正
【問37】正　雨の日は、路面がすべりやすくなるので、十分注意して運転しなければならない。
【問38】誤　夜間、交通量の多い市街地の道路などでは、常に前照灯《ぜんしょうとう》を下向きに切り替えて運転する。
【問39】誤　警報器が鳴っているとき、しゃ断機が降りているときや降り始めているときは、踏切に入ってはいけない。
【問40】誤　問題の標識は、二輪の自動車以外の自動車（四輪の自動車など）の通行止めを意味する。
【問41】正　【問42】正
【問43】正　【問44】正
【問45】誤　二輪車の積荷の幅の制限は、積載《せきさい》装置の幅＋左右0.15m以下である。
【問46】誤　発進するときにはバックミラーなどで前後左右の安全を確かめ、方向指示器などで発進合図を行う。
【問47】(1) 正　(2) 誤　(3) 正

●横断歩道を横断している歩行者がいるときには、運転者は横断歩道の手前で停止し、歩行者の横断を妨げないようにしなければなりません。また、前照灯《ぜんしょうとう》の照らす範囲外に横断しようとする歩行者などがいるかもしれません。発進するときは安全を確認しなければなりません。

【問48】(1) 正　(2) 誤　(3) 正

●見通しの悪いカーブでは、見えないところに駐車車両や道路工事などの障害物があったり、対向車が内側にはみ出してくる場合もあるので、速度を落とした慎重な運転が必要です。また、スピードを出しすぎると対向車線に飛び出してしまうことがあるので、速度を落としてからカーブに進入するようにします。カーブで車体が傾いている場合のブレーキングは、バランスを崩す原因になります。

第6回 原付免許試験問題 解答と解説

……試験によく出る頻出問題　……ひっかけ問題　……理解しておきたい難問

【問１】誤　車の間をぬって走ったり、ジグザグ運転をすることはきわめて危険である。
【問２】正　見通しの悪い交差点やカーブなどの手前では、前照灯《ぜんしょうとう》を上向きに切り替えるか点滅する。
【問３】誤　横断歩道とその手前から30メートル以内の場所は、追越しや追抜きが禁止されている。
【問４】正　【問５】正
【問６】正　初心者マークは初心運転者が普通自動車を運転するときにつける。
【問７】誤　安全な車間距離は、停止距離と同じ程度の距離である。
【問８】正　【問９】正
【問10】正　【問11】正
【問12】誤　問題の標識は「路線バス等優先通行帯」を意味しているので、この通行帯を通行している原動機付自転車は左端に寄って路線バスに進路をゆずる。
【問13】誤　路面電車との間に1.5メートル以上の間隔をあけなければ、徐行して通ることはできない。
【問14】正　催眠作用のある薬を飲んだときは、運転をしないようにする。
【問15】誤　安全な間隔をあけることができないときは徐行する。
【問16】正　【問17】正
【問18】誤　乗降のため止まっている通学通園バスのそばを通るときは、徐行して安全を確かめなければならない。
【問19】正　無段変速装置《むだんへんそくそうち》付のオートマチック二輪車は、エンジンの回転数が低いときには、車輪にエンジンの力が伝わりにくくなる。
【問20】誤　進路変更をしようとするときは、あらかじめ安全を確かめてから合図を出す。
【問21】誤　交差点付近で緊急自動車が近づいてきたときは、交差点を避けて、道路の左側に寄って一時停止をしなければならない。
【問22】誤　問題の標識のある道路では、自動車や原動機付自転車は通行できない。
【問23】正　【問24】正
【問25】正　急ブレーキをかけると車輪の回転が止まり、横すべりを起こす原因になる。
【問26】誤　前の車に続いて通過するときでも一時停止をし、安全を確かめなければならない。
【問27】正　【問28】正
【問29】正　【問30】正
【問31】正　道幅が同じような交差点では、路面電車や左方から来る車の進行を妨げてはならない。
【問32】誤　交通整理が行われている片側３車線以上の道路の交差点では、原動機付自転車は二段階右折をする。
【問33】正　【問34】正
【問35】誤　チェーンのゆるみ具合の点検は、乗車していない状態で行う。
【問36】正
【問37】誤　原動機付自転車は二人乗り禁止なので、同乗者がヘルメットをかぶるかぶらないにかかわらず、二人乗りはできない。
【問38】正　【問39】正
【問40】誤　問題の標識は「自転車および歩行者専用」を意味しているので、自転車と歩行者のみがこの道路を通行できる。
【問41】誤　原動機付自転車は高速自動車国道や自動車専用道路を走ることはできない。
【問42】正　【問43】正
【問44】誤　問題の標示は「停止禁止部分」を意味しているので、この中で停止することはできない。
【問45】誤　原動機付自転車に積むことのできる積載物《せきさいぶつ》の重量は、30キログラムまでである。
【問46】正　二輪車のエンジンを止め、押して歩く場合は歩行者として扱われる。
【問47】(1) 正　(2) 正　(3) 誤
●夜は昼間に比べて、歩行者やほかの車が見えにくくなりますが、反面、車のヘッドライトによる光の情報を得ることができます。見通しの悪い交差点では光の情報などを見落とさないようにしましょう。
●この場合、左から交差点に入ろうとしている車に自車の接近を知らせるため前照灯《ぜんしょうとう》を上下に数回切り替えて、万一に備えて速度を落として進行します。
【問48】(1) 誤　(2) 正　(3) 誤
●交差点で右折待ちをしている車が数台並んでいるときは、先頭の車が右折を始めると、その車につられて２台目以降の車も右折してくることがあります。あらかじめそのことを予測して、交差点に近づく必要があります。

第7回 原付免許試験問題 解答と解説

……試験によく出る頻出問題　……ひっかけ問題　……理解しておきたい難問

【問１】**誤**　原動機付自転車の乗車定員は１人である。
【問２】**正**　【問３】**正**
【問４】**正**　【問５】**正**
【問６】**誤**　長い下り坂で、ブレーキをひんぱんに使うと、急にブレーキがきかなくなることがある。
【問７】**誤**　踏切を前の車に続いて通過するときでも、一時停止をし、安全を確かめなければならない。
【問８】**誤**　交通事故を起こした場合は、事故の続発を防ぐとともに負傷者の救護を行う。
【問９】**誤**　安全な速度で曲がれるように、カーブの手前の直線部分であらかじめ十分に速度を落とすことが必要だが、徐行の規定はない。
【問10】**誤**　積荷《つみに》の高さの限度は、地上から2.0メートルである。
【問11】**誤**　エンジンを切り、二輪車を押して歩くときは歩行者として扱われるので、歩行者用信号に従って通行する。
【問12】**正**　【問13】**正**
【問14】**正**　【問15】**正**
【問16】**誤**　前方を広く見わたして注意するとともに、バックミラーなどによって周囲の交通にも目をくばる。
【問17】**誤**　強制保険のみでも運転できるが、万一の場合を考え、任意《にんい》保険にも加入したほうがよい。
【問18】**正**　【問19】**正**
【問20】**正**　【問21】**正**
【問22】**誤**　エンジンブレーキは、低速ギアのほうがよくきく。
【問23】**誤**　雨にぬれた道路を走る場合には、制動距離《せいどうきょり》が長くなるとともにスリップしやすいので、急ブレーキは禁止である。
【問24】**正**　【問25】**正**
【問26】**正**　【問27】**正**
【問28】**誤**　横断歩道のない交差点などでも、歩行者が横断しているときは、その通行を妨げてはならない。
【問29】**誤**　白や黄色のつえを持った人が歩いている場合は、一時停止するか徐行して、安全に通れるようにしなければならない。
【問30】**誤**　車両通行帯が３車線の道路の交差点での右折は、原則として二段階右折である。
【問31】**正**　【問32】**正**
【問33】**正**　問題の標識は、自動車と原動機付自転車が通行できないことを表している。
【問34】**誤**　右折や進路変更などをしないのに合図をしてはならない。
【問35】**誤**　後続車がいなくても合図をしなければならない。
【問36】**正**　酒を飲んでいるのを知りながら、その人の運転する車に同乗したときは、同乗者も罰せられることがある。
【問37】**誤**　路線バス等優先通行帯は、自動車や原動機付自転車も通行できる。
【問38】**誤**　一方通行の道路では、中央より右側も通行することができる。
【問39】**正**
【問40】**正**　運転者が反則金の納付《のうふ》などを行わなかった場合には、使用者に対し放置違反金の納付を命ぜられることがある。
【問41】**正**　【問42】**正**
【問43】**誤**　バスの停留所の標示板（柱）から10メートル以内の場所では、停車も駐車もしてはならない（運行時間中に限る）。
【問44】**誤**　幅の広い道路で小回り右折をするときは、徐々に中央寄りの車線に移るようにする。
【問45】**誤**　問題の標示は「転回《てんかい》禁止」なので、この道路では、転回することはできない。
【問46】**誤**　前の車が交差点や踏切などで停止や徐行をしているときは、その前に割り込んだり、横切ったりしてはならない。
【問47】⑴ **誤**　⑵ **正**　⑶ **正**

●渋滞中は車の間から歩行者が飛び出してくることがあるので注意が必要です。また、道路わきに店舗などがある場合は、急に左折する車があることを予測して運転しましょう。

【問48】⑴ **正**　⑵ **誤**　⑶ **誤**

●車にはバックミラーやサイドミラーでは確認できない死角《しかく》があります。特に大型車にはその死角が多く、その死角部分に入ってしまうと、原付の存在が運転者から確認できなくなります。死角に入った状態で、交差点に近づくのは避けましょう。

●この場合、トラックの左折を待って、進行するようにします。

第8回 原付免許試験問題 解答と解説

◉……試験によく出る頻出問題　✋……ひっかけ問題　★……理解しておきたい難問

【問１】誤　前の車に続いて踏切を通過するときでも、一時停止をし、安全を確かめなければならない。◉
【問２】誤　駐停車が禁止されていない幅の広い路側帯の場合には入れるが、道路の端から0.75メートルの幅をあけておく。★
【問３】正 ◉　【問４】正
【問５】正　道幅が同じような交差点では、路面電車や左方からくる車の進行を妨げてはならない。
【問６】誤　問題の標識は「軌道敷内《きどうしきない》通行可」を意味し、標識によって認められた自動車や右折する場合などは通行できるが、原動機付自転車は原則として軌道敷内を通行できない。✋
【問７】誤　一方通行の道路で右折するときは道路の右端に寄らなければならない。★
【問８】正　【問９】正 ★
【問10】正
【問11】誤　騒音を出して他人に迷惑を与えたりするおそれのある車は運転できない。★
【問12】誤　ＰＳ（ｃ）マークやＪＩＳマークのついた乗車用ヘルメット以外のヘルメットを使用してはならない。
【問13】誤　雪道では、わだち（タイヤの跡）を走行するほうが安全である。★
【問14】誤　ただちにエンジンスイッチを切るなどして、エンジンの回転を止める。
【問15】誤　交通事故を起こした場合は、必ず警察官に届け出なければならない。
【問16】誤　車の間をぬって走ったり、ジグザグ運転はきわめて危険なのでしてはならない。★
【問17】誤　ぬかるみや砂利道などでは、低速ギアを使い速度を落として通行する。
【問18】誤　原動機付自転車は、二段階右折すべき交差点では小回り右折をすることができないので、前方の信号が赤色の場合は、青色の矢印が表示されていても停止しなければならない。✋
【問19】正　【問20】正 ★
【問21】正　二輪車でブレーキをかける場合、路面が乾燥しているときは前輪ブレーキを、路面がすべりやすいときは後輪ブレーキをやや強めにかける。
【問22】誤　黄色の灯火の点滅の場合はほかの交通に注意して進むことができる。★
【問23】正 ◉　【問24】正
【問25】正　普通免許、大型二輪免許、普通二輪免許、原付免許について、免許の種類ごとに取得後１年間（停止中の期間を除く）を初心運転期間という。
【問26】誤　問題の標識は歩行者、自転車、原動機付自転車、自動車などすべての通行を禁止するものである。
【問27】誤　原動機付自転車を運転するときは、二人乗りをしてはならない。★
【問28】誤　ブレーキは道路の摩擦係数《まさつけいすう》が大きくなるほど強くかかる。
【問29】誤　疲れているときや病気のときなどは、運転をしないようにする。★
【問30】誤　追越しなどやむを得ない場合のほかは、道路の左に寄って通行する。★
【問31】正 ★　【問32】正 ★
【問33】正　【問34】正
【問35】正　安全地帯に歩行者がいるときは、徐行しなければならない。
【問36】誤　安全な間隔をあけるか、徐行するかのどちらかを行えばよい。✋
【問37】誤　問題の標識は「自転車専用」を表しているので、普通自転車以外の車と歩行者の通行が禁止されている。
【問38】誤　横断歩道の手前で止まっている車の側方を通って前方に出る前に、一時停止する。✋
【問39】正 ★　【問40】正
【問41】誤　追越し禁止の場所では、自動車や原動機付自転車は追越しをすることはできない。✋
【問42】誤　合図を行う時期は、進路を変えようとするときの約３秒前である。✋
【問43】正　【問44】正
【問45】正 ★
【問46】誤　交差点の付近で緊急自動車が近づいてきたときは、交差点を避け、道路の左側に寄って一時停止する。★
【問47】(1) 正　(2) 誤　(3) 正

- 夜間、交通量の少ない道路で、対向車がいない場合は、ヘッドライトをハイビーム（上向き）に切り替えて、無灯火《むとうか》の自転車や歩行者、駐車車両などに注意して慎重に運転しましょう。

【問48】(1) 誤　(2) 誤　(3) 誤

- 通園バスの側方を通過するときは、そのかげから園児が道路を横断しようとして出てくることがあるので、すぐに停止できるような速度に落として進行しましょう。また、通園バスにより対向車の有無が確認できないので、注意して進行しましょう。
- この場合、右側にいる歩行者が園児を迎えにきた母親と考えられます。そのため母親のもとへ行こうと通園バスの前からこどもが飛び出してきたり、母親がこどものところへ行こうと横断することが予測できます。通園バスと安全な間隔をあけ、いつでも止まれる速度に落として通過しましょう。